中小户型客厅 简欧风格

The Medium & Small Livingroom

—— Simplified European Style

本书编写组 编
配 文：张春艳

海峡出版发行集团 | 福建科学技术出版社
THE STRAITS PUBLISHING & DISTRIBUTING GROUP | FUJIAN SCIENCE & TECHNOLOGY PUBLISHING HOUSE

图书在版编目（CIP）数据

中小户型客厅．简欧风格 /《中小户型客厅》编写组编．—福州：福建科学技术出版社，2015.11
ISBN 978-7-5335-4875-9

Ⅰ．①中… Ⅱ．①中… Ⅲ．①客厅－室内装饰设计－图集 Ⅳ．①TU241-64

中国版本图书馆 CIP 数据核字（2015）第 239898 号

书　　名	**中小户型客厅　简欧风格**
编　　者	本书编写组
出版发行	海峡出版发行集团 福建科学技术出版社
社　　址	福州市东水路 76 号（邮编 350001）
网　　址	www.fjstp.com
经　　销	福建新华发行（集团）有限责任公司
印　　刷	福州德安彩色印刷有限公司
开　　本	889 毫米 ×1194 毫米　1/16
印　　张	6
图　　文	96 码
版　　次	2015 年 11 月第 1 版
印　　次	2015 年 11 月第 1 次印刷
书　　号	ISBN 978-7-5335-4875-9
定　　价	35.00 元

中小户型客厅 简欧风格

目录 Contents

关于简欧风格

简欧风格的独特魅力

简欧风格的核心是去繁就简，留下简单的线条和几何图案，以冷色调为主。简欧风格从整体到局部、从空间到室内陈设塑造，都给人一种精致的印象：一方面保留了欧式风格在材质、色彩上的大致感受，同时又摒弃了古典风格过于复杂的肌理和装饰，吸收现代风格的优点，简化了线条，凸显简洁美，着力塑造尊贵又不失高雅的居家情调。如今，简欧风格更多地表现为实用性和多元化，居住型风格可以是典雅一些、现代一些甚至带些小资情调，而休闲型则可以粗犷些、自然些、乡村些甚至带些原生态的味道。

密度板通花

大花白大理石

米黄大理石

艺术玻璃

PVC（聚氯乙烯）壁纸

肌理漆

有色乳胶漆

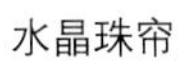

水晶珠帘

米黄洞石

简约自然的北欧风格

北欧风格简约自然，室内的顶、墙、地三个面，往往不用花样图案装饰，只用线条、色块来区分、点缀；家具不喜用雕花、纹饰，而是简洁、直接、功能化且贴近自然；装饰品非常随意、生活化，只要喜欢就行，玻璃、铝、不锈钢制品以及亚麻布等都可以。“曲木设计”是北欧风格的招牌，家具外形简洁有力度，色泽自然，崇尚原木韵味，体现了北欧人对高品质生活的追求。除了木材之外，常用的装饰材料还有石材、玻璃和铁艺等，但都无一例外地保留这些材质的原始质感。黑白色常常作为主色调，或重要的点缀色使用，营造一份宁静的北欧风情。

车边银镜

棉织壁纸

玻璃白板

实木线刷白漆

深啡网大理石

喷砂玻璃

银箔壁纸

通花板

中花白大理石

简欧风格的装饰元素

家具：与硬装修上的欧式细节应该是相称的，选择暗红色或白色、带有西方复古图案、线条以及西化造型的家具，实木边桌及餐桌椅都应该有着精细的曲线或图案。

饰品：运用格调相同的壁纸、帘幔、地毯、家具、外罩等装饰织物来布置，其面料和质感很重要，亚麻和帆布的面料是不太合时宜的，丝质面料会显得比较高贵。

地毯：欧式风格装修中地面的主要角色应该由地毯来担当，地毯典雅的独特质地与西式家具的搭配相得益彰，其图案和色彩应相对淡雅些。

配色：欧式风格的底色大多采用白色、淡色为主，家具则是白色或深色都可以，但是要成系列，风格统一为上。

米黄洞石

浅啡网大理石

皮革硬包

石膏浮雕板

深啡网大理石

银狐大理石

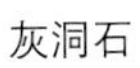

灰洞石

茶镜

红胡桃木饰面板

深啡网大理石拼花

简欧风格的自然符号——铁艺装饰

铁艺源于欧洲，其线条流畅、简洁，集功能性与装饰性于一体，是古典美与现代美的结合。铁艺在家庭装饰上须注意与整体风格一致。在家庭装饰中铁艺一般用作防盗门、暖气罩、楼梯扶手、花架、椅子、杂品柜、鞋柜、挂件、摆件等。把一组线条流畅、简洁的铁艺画镶在木框上，成为室内摆放的工艺品，别有一番情趣。而悬挂一两幅与家居环境相配的漂亮铁艺画则会使家居显得端庄大方，很好地衬托出主人的文化品位和修养。

米黄洞石

雅士白大理石

灰镜

雕花明镜

皮革软包

雨林啡大理石

斑马木饰面板

艺术玻璃

大花白大理石

关于中小户型——

中小户型也能打造高贵典雅的欧式风格

很多人以为欧式风格往往是奢侈的象征，事实上，普通的中小户型也能享受到欧式的高贵典雅。最能表现欧式风格的是软装饰元素，包括窗帘、家具、饰品等，要想营造欧式氛围，硬装修只要“点到为止”让家具和饰品作主角。欧式风格设计关键点是门窗、色彩、墙面。欧式的门窗以及柱子要有凹凸面和立体感，色彩以金色、银色为主，墙面可以采用涂料、墙纸等多种形式装饰，要与家具色调吻合。抓住这几个关键点，中小户型的欧式风格就可形神兼备了。

玻璃纤维壁纸

有影幕尼加饰面板

雕花明镜

车边茶镜

仿古砖

啡网大理石拼花

皮质软包

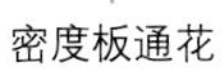

密度板通花

无纺布壁纸

实木线刷白漆

小户型如何设计装修

功能性设计原则：会客、娱乐、工作、休息、做饭等功能要有机地融合在一起，同时需要划分合理、不混乱，使用方便舒适。设计重点应放在如何合理划分空间，使空间高效利用。

美观性设计原则：解决了功能性需要之后，再考虑美观。为节省空间，美观性点到为止，无论家具还是软装都应身兼数职，纯装饰性的东西能免则免。

轻装修原则：减少固定笨重的装修，少做石膏线、大哑口、高踢脚板、窗套等，着重在软装上面下功夫，比如把装潢的钱拿来买一些精巧的家具、饰品等。

有色乳胶漆

米黄大理石

斑马木饰面板

雨林啡大理石

PVC壁纸

仿古砖

玻化砖

金丝米黄大理石

雕花银镜

小户型忌复杂的吊顶设计

小户型的家居，因为空间层高较低，面积狭小，不宜选择复杂尤其是太过规则的吊顶造型，以免造成空间上的压抑感。如果吊顶设计得好，吊顶本身就会给人锦上添花的感觉：可以选择简洁单薄的非规则的吊顶造型；还可以尝试采用一些新材质来设计吊顶，既可伸展空间又不乏创意；用石膏在天花顶四周造型，可做成几何图案或花鸟虫鱼图案，效果也不错；四周吊顶、中间不吊，可用木材夹板成型，设计成各种形状，再配以射灯和筒灯，在不吊顶的中间部分配上较新颖的吸顶灯，会使人觉得房间空间增高了。

石膏浮雕板

米黄木纹石

黑胡桃木饰面板

仿古砖

石膏浮雕板

爵士白大理石

皮革软包

石膏造型

大理石拼花

PVC壁纸

小户型忌过于单调的布灯

布灯过于单调会使整个居室看起来平淡无奇。小户型在灯具的选择和设计上应主次分明，主灯应选择造型简单大方的吸顶灯为佳，再配以台灯、壁灯、射灯，营现良好的空间氛围和展示视觉上的层次感，同时也要注意各种灯具功能的明确性。无论是什么灯具，首要考虑的还是其是否与家居装修风格相搭配相协调，而同一房间的多盏灯具应坚持色彩和谐或样式和谐，否则装修出来的效果会不尽如人意。

麦哥利饰面板

大花白大理石

深啡网大理石

实木线刷白漆

米黄大理石

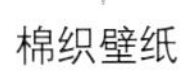

棉织壁纸

白橡木饰面板

金丝米黄大理石

车边银镜

密度板雕花

雅士白大理石

小户型巧用曲线扩大空间感

小居室中要营造出类似大空间的氛围，巧妙地应用曲线设计不失为好方法。比如，天花板上的射灯刻意地做出曲线形光线，令空间陡然有延伸之感，而且曲线形光线有利于灯光照射范围照顾到房间的各个角落。空间构造方面，可在天花板、背景墙设计椭圆造型，利用弧线打破规整的长形空间，营造曲线优美、灵动有致的空间感。或者在墙面上相间地涂上两种浅暖色的涂料，线条与地面平行，横线条由下部往上逐渐变窄，给人一种放大延伸的感觉。

大理石瓷砖

大花白大理石

釉面砖

车边银镜

雕花茶镜

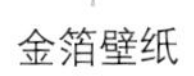

金箔壁纸

浅啡网大理石

浮雕石膏板

艺术马赛克

利用好客厅的每寸空间

在客厅会有些容易被主人忽略的地方，例如沙发与边柜间、沙发折拐处的空间、沙发背后的墙面，这些空间是可以利用来放置小物品的。

镂空墙壁放装饰品：在洁白的墙壁上，镂空设计几个规则的空格放置一些精美的装饰品，不失为装点墙面的一种方法。

空心茶几及带有抽屉的茶几作收纳空间：客厅中抱枕、遥控器等小物件众多，有了多功能茶几，收纳、拿取都方便，也很有居家效果。

墙角空间的利用：对于客厅拐角处的空间，摆设简单的柜子增加收纳空间，也不会影响行走路线；或者布置一款细高的落地灯，即可充实视觉空间。

车边黑镜

浅啡网大理石

金丝米黄大理石

马赛克瓷砖

棉织壁纸

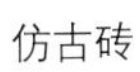
仿古砖

金丝米黄大理石

密度板通花

硅藻泥

马赛克瓷砖

大理石浮雕

电视背景墙设计

电视背景墙装修注意事项

1. 应该考虑留有壁挂电视的位置及足够的插座，建议暗埋一根较粗的PVC（聚氯乙烯）管，所有的电线可以通过这根管穿到下方电视柜（DVD线、闭路线、DVI与VGA线等）。

2. 沙发位置确定后，确定电视机的位置，再由电视机的大小确定电视背景墙的造型。

3. 要考虑墙面造型与吊顶的灯光相呼应。

4. 造型墙面施工时，应该把地砖的厚度、踢脚线的高度考虑进去，使各个造型协调。如果没有设计有踢脚线，面板、石膏板的安装应该在地砖施工后进行。

米黄大理石

雅士白大理石

水曲柳饰面板

雕花烤漆玻璃

雕花明镜

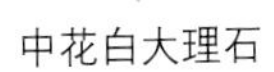

中花白大理石

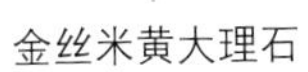

金丝米黄大理石

无纺布壁纸

绒布硬包

电视背景墙色彩运用要合理

电视背景墙选择颜色的时候，首先要了解色彩的作用，通过色彩可以使房间看起来变大或缩小，给人们以凸出或凹进的印象，可以使房间变得活跃也可以变得宁静。如淡蓝色使空间造成扩大的感觉，也给人以安静感；暖色调则相反，给人以向前凸的温暖感觉。如果想改善长房间的形状，可以在长的两面墙上刷上“凹进”的色彩；如果想要从感觉上压低层高，缩小空间，则可以将天花板处理成深色或“凸出”的色彩。电视背景墙不仅仅有装饰的功能，也要和沙发、电视机相映成趣：如果沙发是浅色系列的，最好选择色彩比较明快的电视背景墙；如果沙发是深色系列的，最好选择色彩比较纯净的电视背景墙。

大理石瓷砖

玻璃白板

爵士白大理石

雕花茶镜

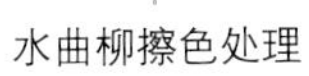
水曲柳擦色处理

印花玻璃

无纺布壁纸

石膏造型

黑镜

白橡木饰面板

电视背景墙的百变造型

电视背景墙采用不同材质造型会给空间带来不同的个性表情：木质造型墙能中和工业化空间常有的冰冷感而显现出自然的气息，如果你觉得太单调，木质造型墙上再挂一幅你喜爱的字画，效果会更不错；玻璃、金属造型墙能给居室带来很强的现代感；朴实自然的天然人造石是用天然石头加工而成，色彩天然，更有隔音、阻燃等特点，能让家有一种轻松自然的感觉；油漆、艺术喷涂造型墙的色彩变幻万千，能给人很强的视觉感；选用多姿多彩的墙纸、壁布作电视背景墙，能起到很好的点缀效果；在电视背景墙上灵活搭配一些自己喜爱的装饰品，而且随时可以替换，简单却不失品位。

米黄大理石

爵士白大理石

有色乳胶漆

金属浮雕

金丝米黄大理石

发泡壁纸

车边茶镜

石膏浮雕

文化砖

雕花茶镜

电视背景墙壁纸的选择

随着简欧风格的流行，电视背景墙的壁纸开始以简约的线条渐渐取代以往复杂的花纹，以素雅、稳重的纯色衬托，追求空间变化的整体连续性以及层次感，主人良好的品位即可在第一时间得以呈现。明快清新的颜色是这类壁纸的共同点，这些壁纸大多带有十分华丽明亮的图案，既保留了古典欧式的典雅与豪华，又更加贴合现代人的闲适生活。还可以选择一些有特色的壁纸来装饰电视背景墙，比如画有圣经故事及人物等内容的壁纸就是很典型的欧式风格元素。

中花白大理石

米黄大理石

肌理漆

绒布硬包

金属雕花板

深啡网大理石拼花

手绘画

爵士白大理石

大理石瓷砖

瓷片

提升家居品位的软包背景墙

软包背景墙是指家居内采用各种形状、颜色的软包拼接成背景墙。软包背景墙具有质地柔软、色彩柔和、能够柔化空间氛围的优势，还可吸音降噪、恒温保暖，其纵深的立体感亦能提升家居档次。为更好地营造出家居的环境气氛，软包背景墙需根据不同的装饰风格来选购，而不同的材料有着不同的功能特点，需与空间整体合理搭配。有一种纯手工绘画的豪华软包，材质以真丝绸缎为底材，经过多道复杂工序完成，是背景墙制作中较为奢侈尊贵的一种装饰，适合用于欧式风格装修。

茶镜条

石膏雕花板

肌理壁纸

白枫木线条

有色乳胶漆

法国木纹灰大理石

密度板通花

木纹饰面板

沙发背景墙设计

沙发背景墙的装饰设计

简欧风格的沙发背景墙，多以白色、象牙色等浅色调为主，深色调为辅。相比拥有浓厚欧洲风情的欧式装修风格，简欧风格的背景墙更为清新，同时也符合中国人内敛的审美观念。

简欧客厅设计都较为简约，素雅的沙发背景墙就是整个空间的亮点，优雅而又大气。也可以设计成高挑的落地窗搭配白色素净的沙发，更显欧式风格设计的别致清雅、落落大方。沙发背景墙不宜过于复杂，淡雅的浅色系既让背景墙不显单调又让客厅充满柔美的感觉。

橙皮红大理石

银狐大理石

杉木板条

浮雕图案壁纸

仿大理石壁纸

雕花银镜

麻质硬包

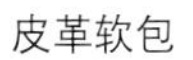

皮革软包

仿古砖

沙发背景墙的照明设计

沙发背景墙的照明设计要根据整体空间进行艺术构思，根据背景墙的布局形式、墙面材料色彩的搭配来选择光源类型、灯饰造型及配光方式，通过精心的灯光设计来营造出沙发背景墙独特的光影效果。照明的原则是饰灯不能喧宾夺主，最好能和沙发背景墙的装饰相映成趣。沙发区照明可以利用落地灯、壁灯、射灯等达到使用和装饰的效果。一般来说我们会摒弃眩目的射灯，而安装装饰性的冷光源灯，如果确实需要射灯来营造气氛则要注意将光改射向墙壁，避免直射到沙发上。此外，可以考虑在沙发旁边放置一盏落地灯，这种灯具造型大多不夸张却能为家庭塑造美丽的光影空间，它从人身后投下的光方便家人看电视或看书。

斑马木饰面板

橙皮红大理石

肌理壁纸

大理石瓷砖

马赛克拼花

白橡木饰面板

六边形瓷砖

大理石瓷砖

车边玻璃

设计沙发背景墙有讲究

沙发背景墙设计手法多样，有石膏板造型，有马来漆、艺术漆、肌理漆、乳胶漆等涂料做色彩构图，有玻璃、石材造型，还有铺贴墙纸等方法。沙发背景墙的设计，除了要和沙发的颜色、款式相称，还要和电视背景墙相呼应、相补充，主次搭配协调统一，切不可喧宾夺主抢了电视柜、电视机等主角的风头，这样整个客厅才会显得特别的丰满和完美。在色彩的把握上一定要与整个空间的色调相协调，淡雅的白色、浅蓝色、浅绿色、明亮的黄色、红色饰以浅浅的金色都是不错的色调，太深太刺眼的色调容易让人心情沉重、情绪紧张。

白木纹大理石

黑色烤漆玻璃

金属砖

皮革软包

实木线条刷白漆

金箔壁纸

有色乳胶漆

沙比利饰面板

黑金花大理石

朴实自然的文化石造型墙

文化石是仿造自然材料制作而成的，所以在外形上具有很多种类，例如木纹石、砖石、莱姆石、鹅卵石、石材乱片、风化石、洞石、层岩石、火山岩等。沙发背景墙的装饰材质可采用纹理粗糙的文化石进行镶嵌，因文化石的色泽纹路能保持自然原始的风貌，加上色泽的调配变化，能将石材质感的内涵与艺术性展现无遗，符合人们崇尚自然、回归自然的文化理念，用这种石材装饰的墙面能透出一种文化韵味和朴实自然的乡野气息。文化石衬托着充满现代气息的金属质地的家用电器，更是别有一番精致和韵味。此外，文化石还具有吸音功能，可以避免音响对别的房间的影响。

雕花银镜

布艺软包

雅士白大理石

彩装膜

车边茶镜

大花白大理石

玻璃马赛克

米黄大理石

米黄洞石

手绘墙画体现人文风格

手绘墙画在都市渐热，它主要是使用环保的绘画颜料，依照主人的爱好和兴趣，迎合家居的整体风格，在自家墙上绘出各种图案，效果非常突出，往往会给人深刻的印象。绘制的主要材料有丙烯颜料(鲜亮快干，耐磨耐水，不褪色脱落)、普通的油画笔、画刀、刷子，要是大面积作画或者画非常复杂的图案还需要刷子和投影仪。想要画得细腻，最好是在已经刷了乳胶漆的墙面上作画。绘制的方式，可由墙画师用铅笔打好底子以后直接绘制；也可以找好图案用电脑绘制进行图案雕刻，然后把雕刻好的图案模具粘在墙上就可刷涂或者喷涂颜料。

仿古砖

无纺布壁纸

深啡网大理石

丙烯颜料图案

浅啡网大理石

PVC壁纸

大理石瓷砖

微晶石瓷砖

皮革硬包

餐厅玄关主题墙设计

餐厅主题墙怎么设计

餐厅主题墙要装扮成哪种款式，除了家具和小装饰品的选择和布局之外，还少不了餐厅墙壁的颜色搭配以及墙壁挂件。主题墙造型要简洁明快，不宜采用复杂繁琐的图案，因为餐厅空间通常都较小。如果餐厅较小，可以在墙面安装一定面积的镜面，在视觉上有扩大空间的作用。简欧风格不同于其他风格的深色华丽，采用浅色调背景墙，同样能够诠释出属于简欧风格的优雅特色；选用橘色和鹅黄色等柔和的色调，可诱发食欲，让整个家居生活更和谐温馨；以浅灰色作为主色调，颇具理性的设计可展示出一份与众不同的北欧生活情调。

金箔壁纸

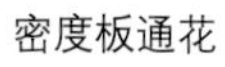

密度板通花

浮雕壁纸

米黄大理石

肌理壁纸

文化石壁纸

米黄大理石

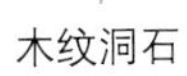

木纹洞石

石膏浮雕

北欧风情餐厅的营造

北欧风情餐厅的布置重点，在于墙面、家具以及布品在色彩与质感上的搭配、协调，让每一个细节的铺排都呈现出令人感觉舒适的气氛。北欧风格的代表色为纯白色，以照片或装饰画装饰主题墙在北欧风格中是很常见的一种设计手法。在纯白的墙面上装点几幅简单的装饰画或照片，辅以简约的壁灯造型，简约中透着率性，代表着独特的北欧风格。餐边柜往往以原木色为主，采用简化的古典线条，展现出一种朴素、清新的原始之美；餐边柜上再点缀些绿色植物或艺术插花，带来一种悠闲的舒适感。

皮革软包

车边磨砂玻璃

金丝米黄大理石

中花白大理石

大理石瓷砖

文化石

釉面砖

浅啡网大理石

深啡网大理石

小餐厅的配色技巧

小餐厅中的主要色彩不应超过三种，同时色彩还应该有一定的层次感，尽量不要选用色彩对比较大的颜色，避免过多的颜色融入在一起；色彩要有亮度，但切忌花花绿绿，不宜使用印有立体感图案或明暗对比强烈或图案色彩多样的装饰材料，否则，会使餐厅面积在视觉上显得狭小。合理的色彩应该是以冷色调为主，一般使用白色、灰色等浅色调为佳，用一幅色彩艳丽的装饰画，让略显单调的空间里拥有一点活泼的元素。家具不宜使用黑色、深棕色等较暗的颜色，白色、浅灰色或明亮的奶黄色、浅蓝色等都是不错的选择。

木纹砖

雕花明镜

通花板

浮雕壁纸

皮革软包

爵士白大理石

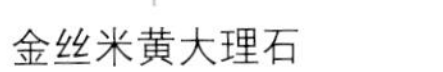

金丝米黄大理石

仿古砖

米黄大理石

马赛克瓷砖

西式餐厅让家更优雅

淡雅的色彩、柔和的光线、洁白的桌布、华贵的线脚、精致的餐具加上安宁的氛围，构成了西式餐厅的优雅特色。西式餐厅中，花草是不可或缺的点缀，娇艳的插花摆在餐桌上，伴着佳肴生辉；水晶灯既富丽又璀璨，与桌上水晶烛台形成呼应，不仅让空间更加明亮，还会为美食加分，浪漫而有情调。西式餐厅当然要添加适当的西式元素，别忽略了饰品的“点缀”作用，一个石膏小天使，一个金属烛台，不仅增加了“洋”味，还能起到“画龙点睛”的作用。酒吧柜台是西式餐厅的主要景点之一，也是西方生活方式的一种体现。

深啡网大理石

大理石瓷砖

车边灰镜

马赛克瓷砖拼花

实木通花板

大理石瓷砖

橙皮红大理石

黑镜

车边茶镜

巧妙布置玄关让家更温馨

相对而言，转角玄关的空间利用率最高，在转角处设计一个组合柜，一方面解决空间死角，另一方面也有导向作用。不要在走廊式玄关中设置太多柜子影响通行，收纳柜也尽量设置多层抽屉。墙面可以安装挂钩和搁架，将小件衣物如手套围巾之类的挂起，还可以设几个能随手取放雨伞、钥匙等杂物的贴心处。对于光线不好的玄关可以多引用玻璃、镜面、珠帘等通透性材质，既解决了门庭的采光问题又增加了美感。摆放小巧玲珑的植物，会给人以一种明朗的感觉，比如利用壁面和门背后的柜面吊挂或放置数盆观叶植物。

米黄大理石

金丝米黄大理石

文化石

银箔壁纸

车边银镜

木纹砖

米黄大理石

雅士白大理石

榆木地板擦色处理

玻璃马赛克

玄关的布局形式

独立式：这种玄关比较适合入门处比较狭长的户型，可以是圆弧形的，也可以是直角形的，有的房型入口还可以设计成玄关走廊。

邻接式：这种玄关布局和客厅空间紧密相连，没有明显的界限划分，在设计布局的时候，通常会采用半矮柜、鱼缸、纱帘等进行空间分割，既要实现空间的区隔，又不能影响整体的采光效果。

包含式：这种玄关和客厅已经成为一个统一的整体，如果设计得当，不仅能够起到必要的空间划分作用，还可以有效提升整个客厅的装修档次。

仿古砖

皮革硬包

大花白大理石

玻璃马赛克

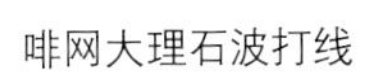

啡网大理石波打线

无纺布壁纸

玻璃马赛克

密度板通花

仿古砖

实木线刷白漆

玄关与客厅间的矮柜隔断

层架虽然也可以用来储物，但其毕竟是开放的空间，如果放太多零碎的物品，就会显得太零乱。所以，可以考虑用矮柜来作隔断，下面是矮柜增加储物空间，柜上面加上帘子，这样的隔断会更显浪漫。作隔断的柜子高度最好在0.9米到1米左右，太矮或者太高都会影响到隔断效果。柜门可采用隔栅式，透气性好，可以长期储物不易滋生病菌，整洁又卫生。至于颜色方面，如果整体风格的色彩丰富，就不用过于强调矮柜的颜色；如果风格是色彩素雅的，沙发是深颜色，矮柜最好就选用浅颜色的。

茶镜条

深啡网大理石

木纹洞石

大花白大理石

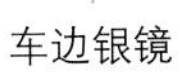

车边银镜

玻璃马赛克

金丝米黄大理石

玻化砖

喷砂玻璃雕花

玄关与客厅间的层架隔断

玄关与客厅间放置一个多功能装饰架，既可提升玄关收纳能力，也起到隔断作用。若你喜欢简洁干净的风格，可以选择结构简单的开放型层架，三层或三层以上的设计，可据情况放置不同的物品，显得更加美观而实用。在家具卖场，可以看到不少层架的身影，有100多元的简易木质层架，也有上千元的金属材质层架，甚至还有用珍贵木材制作的博古架，无论是哪一种层架，都可以起到装饰、摆设与隔断的作用。木质的层架比较适合欧式风格和中式风格，金属材质的层架则比较适合时代感强烈一点的现代风格。

锦织壁纸

雅士白大理石

米黄洞石

喷砂玻璃雕花

釉面砖

绒布硬包

有色乳胶漆

米黄大理石

马赛克瓷砖

黑白根大理石

简欧风格的玄关设计

简欧风格玄关设计讲究线条的柔美雅致，以及精益求精的细节处理，和谐是简欧风格的最高境界。在色彩上，多以象牙白为主色调，以浅色为主深色为辅；在设计上，追求空间变化的连续性和形体变化的层次感；在造型上，既要突出凹凸感，又要有优美的弧线。可借鉴欧式风格室内装饰手法，使用石材、面砖、壁纸、油画等装饰品来体现简欧风格的典雅别致。玄关地板不要使用暗淡的复古风格瓷砖，使用拼花的大理石地砖做出造型可以给简欧风格的屋子增色不少。灯具可以是一些外形线条柔和或者光线柔和的灯，像铁艺枝灯就是不错的选择，有一点造型，有一点朴拙。

浮雕壁纸

密度板通花

柚木地板

肌理漆

皮革软包

啡网大理石拼花

大花白大理石

金属瓷砖

米黄大理石

软装设计

善用色彩，空间告别平庸单调

空间设计中，色彩非常重要。例如：用蓝色装饰餐厅，会让食物看起来不诱人；紫色会给空间压抑感，但可以作为局部装饰亮点，比如装饰卧房的一角；红色不能作为空间主色调，红色过多会让眼睛负担过重、不要用金色装饰房间，金光闪闪的环境对人的视线伤害大，容易使人神经高度紧张；橙色会影响睡眠质量，但用在客厅则会营造欢快的气氛、黑色忌大面积运用，建议黑色当中点缀适当的金色，会显得既沉稳又有奢华之感；黑色与白色搭配是永恒的经典，与红色搭配则气氛浓烈火热。

银箔壁纸

大理石瓷砖

有色肌理漆

雅士白大理石

黑金花大理石

茶镜条

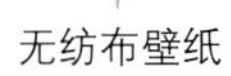
无纺布壁纸

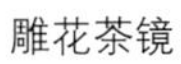
雕花茶镜

实木板造型

密度板通花

完美客厅的灯光设计窍门

客厅有沙发区、视听区、酒柜区、活动区等不同的分区，灯光设计以营造多个局部并整体协调为好，通过明暗手法营造不同的灯光效果。将灯光设计在低处能表现沉稳气氛；要打造派对的华丽感，可选择从高处投射而下的炫立灯。要突出表现精品柜、壁画等需要采用特殊性灯光进行照射。用暖色的灯光作为电视背景墙的灯光，可让室内的气氛升温。用多个小小的壁灯折射在沙发背景墙上，不仅起到了照明的作用，也是一种创意设计。沙发拐角处、案几旁极易形成空白，如果用一盏造型别致、有个性的台灯来点缀，感觉就会很不一样。

微晶砖

金箔壁纸

金花米黄大理石

橙皮红大理石

木纹砖

仿古砖

金丝米黄大理石

波斯灰大理石

深啡网大理石

硅藻泥壁纸

灵活搭配的软装饰品造型墙

一些色彩明亮、丰富、成本低廉的软装饰品，能通过粘贴摆出不同的墙面造型。一面设计精美的照片墙不仅温馨有趣,也为家居增添了个性元素。装饰画作为软装，能够让所在的空间与众不同，挂画内容不限于买挂画时自带的图片，可以自己在网上搜索喜欢的图片打印出来换上；或者是家中宝宝的涂鸦画作。手工布艺也越来越成为一种风尚，有手工布艺挂饰的墙面一定特别出彩。不少具有复古范儿的小镜子，简简单单往墙面上一挂，就成了一款轻复古的客厅。纺织品不但可以作为窗帘、抱枕，也可以挑选比较有特点、跟房间其他纺织品能够呼应（颜色、纹理或材质）的挂上墙，以缓冲墙面结构的坚硬感觉。

木线条刷白漆

石膏雕花

石膏线条

金世纪米黄大理石

马赛克拼花

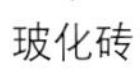

玻化砖

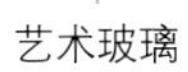

艺术玻璃

大花白大理石

仿古砖

不一样的窗前风景

提花布窗帘： 视觉上较为优雅、有质感，因此适合装设于卧室、书房、长辈房。

绒布窗帘： 带点浓浓的奢华风，如想让家中有着华丽的时尚感，此种布料是最好的选择。

遮光布窗帘： 密度较高，除了美观且具有高度的遮光率，适合用于阳光强烈照射的空间。

窗纱： 材质较轻薄且半透明，适合用于需营造气氛或想让阳光稍稍透进来又能有半阻隔屏风功能的环境。

绸缎、植绒窗帘： 质地细腻，豪华艳丽，遮光隔音效果都不错，但价格相对较高，适于用在卧室。

竹帘： 纹理清晰，采光效果好，而且耐磨、防潮、防霉，不褪色，适用于客厅和阳台。

菱形瓷砖

红橡木线条

雕花银镜

艺术软包

木纹黄大理石

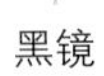

黑镜

棉织壁纸

金丝米黄大理石

黑胡桃木线条

巧做实用柜，让小蜗居更美

1. 把阳台或室内凹凸位改造成衣帽间。
2. 增加层次，充分利用高度落差制作高低柜。
3. 根据物件大小和形状设计成适当的收纳空间。
4. 橱柜与餐桌相连设计。
5. 在墙面设置搁物板。
6. 在高于头顶的空间安置收纳柜。
7. 在底层室内阳台设计一个榻榻米式地柜。
8. 在阳台洗衣机上方设置一个置物柜。

浅啡网大理石

金线米黄大理石

雕花银镜

金箔壁纸

青砖

麦哥利木线条

啡网大理石波打线

米黄洞石

米黄大理石

家居花草的点缀装饰

花花草草不仅可以对抗装修污染，也能营造气氛，给家居增加一缕生气。进门两旁、窗台可布置枝叶繁茂下垂的小型盆景，光线好的窗台可放置海棠、天竺葵等。在客厅，沙发两边及墙角处可摆放盆栽印度橡皮树等，茶几上可适当布置显眼的插花，在矮橱上可放置蝴蝶花、鸭跖草，在高的橱柜上可放置小型观叶植物；较小的客厅里不宜放过多的大中型盆景以免显得拥挤。卧室适宜放置一些观叶植物、多肉多浆类植物、水苔类或色彩淡雅的小盆景，以创造安静、舒适、柔和的休憩环境。在书房的书桌上点缀玫瑰花、剑兰等的插花或放一两盆文竹、五针竹、凤尾竹，或悬挂一两盆吊兰，以示文静高雅。

木纹黄大理石

PVC壁纸

石膏雕花板

金丝米黄大理石

黑金花大理石

麻织软包

车边茶镜

艺术瓷砖

雕花镂空板

壁纸为空间浓妆淡抹

简欧风格一般用条纹、菱形图案的壁纸比较多，有空间延伸效果。稍宽的长条纹适合用在流畅的大空间中，能使原本高挑的房间产生向左右延伸的效果；而较窄的条纹用在小房间里比较妥当，它能使较矮的房间产生向上引导的效果。大马士革或是带有卷草纹图案的壁纸，或者花朵图案小点、颜色浅些的壁纸也可以搭配出很好的简欧风格效果；如果是大花朵图案，宜选淡底色的，适合格局较为平淡无奇的房间。壁纸的颜色可以影响人的情绪，暖色及明快的颜色对人的情绪有激活作用，适宜用在餐厅和客厅；冷色及亮度较低的颜色使人精力集中，情绪安定。

雅士白大理石

金箔壁纸

橙皮红大理石

白橡木饰面板

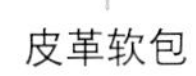
皮革软包

木纹黄大理石

灰镜条

浅啡网大理石

有色乳胶漆

马赛克拼花

家装小窍门——

涂料选购的技巧

一看： 打开涂料罐，看涂料有无沉淀、结块现象，应购买无沉淀无结块的涂料。

二闻： 用手在涂料上方扇一扇，闻闻涂料有无发臭、刺激性气味，真正环保的涂料应是无毒无味的。

三搅拌： 用木棍将涂料拌匀，再用木棍挑起来，优质涂料往下流时会成扇面形，具有良好的流平性。

四揉搓： 用手指蘸上一点涂料揉搓，感受一下涂料的手感，优质涂料应该手感光滑细腻，没有粗糙的颗粒物。消费者可以要求商家出示检测报告，游离TDI（甲苯二异氰酸酯）和苯含量越少的产品安全性就越高。

马赛克瓷砖

木纹黄大理石

金世纪米黄大理石

浮雕瓷砖

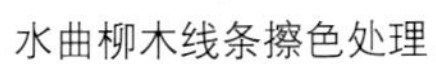

水曲柳木线条擦色处理

有色乳胶漆

旧米黄大理石

米黄洞石

麻织壁纸

釉面砖

木地板与墙壁颜色搭配技巧

黄色木地板搭配绿色墙壁：运用“相邻颜色”的法则，墙壁可挑选与黄色相邻的绿色，就能营造出温暖的氛围。

红茶色木地板搭配粉色调墙壁：红茶色木地板的感染力和表现力很强，个性特征鲜明，如果再将墙壁也用颜色深的油漆涂刷，就会显得不协调；如选择带有粉色调的象牙色，与红茶色木地板就会形成统一感。

深茶色木地板搭配米色墙壁：用深茶色木地板和白色墙壁搭配会使木地板显得很暗；如果将墙壁颜色换成同为茶色系的米色，墙壁和地板的颜色比较接近，空间会显得更大。

木纹洞石

密度板通花

实木复合地板

车边茶镜

榆木地板

密度板雕花

硅藻泥

实木地板擦色处理

马赛克瓷砖

四款特殊墙装材料推荐

黑板漆：可轻松擦拭并且均匀耐磨、抗老化性能好，可以在上面留言、写备忘、任意涂鸦。水性黑板漆比传统溶剂型黑板漆更环保。

椰壳板：以高品质的椰壳、贝壳为基材，纯手工制作而成，其硬度与高档红木相当，且非常耐磨，又有自然弯曲的美丽弧度，不仅环保而且时尚、高贵、优雅。

海基布：是由涂料和壁纸完美结合，以玻璃纤维为主要原料编制成的壁布，防水、防火、防霉性能强大，还能起到防止墙体裂痕的作用，耐擦洗两万次以上。

生态树脂板：具有良好的透光性、艳丽的色彩和丰富的表现形式，表面硬度高，可以任意造型，并且重量更轻，抗冲击力更强。

通花板

中花白大理石

新米黄大理石

复古实木地板

硅藻泥

雅士白大理石

木纤维壁纸

绒布软包

买瓷砖有讲究

辨别瓷砖好坏可以进行敲打，声音清脆说明瓷砖瓷化密度和硬度高，质量好；也可以测测瓷砖的吸水率，吸水率越低，代表瓷砖的内在稳定性越高，也就越适合湿度高的空间（比如卫生间、厨房），不会产生黑斑等问题。最简单的检测方法就是用一杯水倒在瓷砖背面，水渍扩散迅速，说明吸水率偏高，反之则较低。检查瓷砖的表面质量，用硬物刮一下瓷砖釉面，如果留下痕迹，说明品质差；最后再观察瓷砖的平整度，侧面平直，铺起来容易，效果也好。

镜面马赛克

米黄洞石

雕花灰镜

金丝白玉大理石

麻织硬包

金属砖

石膏浮雕板

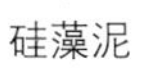

硅藻泥

啡网大理石拼花

仿古花岗岩

密度板通花

知道材料禁忌，装修更轻松

涂料忌有“香味”：涂料大多含有苯等挥发性有机化合物以及重金属。市场上有部分伪劣的“空气净化涂料”产品，通过添加大量香精去除异味，实际上起不到消除有害物质的作用。

地板忌用一种：比如实木地板有油漆，易造成苯污染；复合地板含甲醛污染，单一使用一种有可能导致某一种有害物质超标。建议客厅铺瓷砖，卧室、书房用实木地板，搭配使用对健康最有利。

家具忌有裸露面：看看家具有没有裸露的端面，裸露材料会导致有害物质释放。从家具厂订做的家具要求全部封边，这样就可把甲醛封在里面。板材也要选择双面板。

金丝米黄大理石

金色壁纸

木纹板雕花

胡桃木线条

浅啡网大理石波打线

实木线条造型

米黄大理石

大花白大理石

米黄洞石

不可取的装修误区

1. 壁柜做满墙不可取。壁柜做满墙就要使用大量的板材和胶、漆类产品，环保方面很难保证。

2. 用木框包装墙裙会多占用空间，也不可取。素净的墙面可以随意搭配家具；或者在墙面贴上不同颜色和图案的环保壁纸，不喜欢再更换也很方便。

3. 石膏吊顶太多不可取。房子一般举架（层高）为2.6米左右，如果吊石膏顶，再铺上地板，使用空间会减少。另外，石膏用久了会发生粉化和下陷现象，最好采用局部吊顶。

4. 窗帘盒到处见不可取。窗帘杆逐步取代窗帘盒，已经成为一种趋势。窗帘杆平时易于打理，维修起来也更方便，加上窗帘杆本身就具有一定的装饰作用，是目前家居装修不错的选择。

银箔壁纸

茶镜

金属雕花

肌理漆

喷砂玻璃

彩绘壁画

银箔壁纸

金晶米黄大理石

浅啡网大理石

白橡木饰面板

降低装修中瓷砖造价的技巧

1. 选择合适规格的瓷砖，画排砖图，按图计算瓷砖数量加上施工损耗推算瓷砖总量。

2. 选择对“拼对花色”“拼对图案”要求不高的品种，以便裁割下来的边角料可再利用。

3. 调整平面、立体设计，避免出现包立管、小转角这种必须切割、容易破损浪费瓷砖的地方。

4. 掌握家装“小块省砖、大块费砖”的原则，结合设计效果，合理选用偏小规格的瓷砖。

5. 选择质量好的瓷砖和技术高的工人，以减少施工损耗。

木塑波浪板

爵士白大理石

植绒壁纸

黑白根大理石

米黄木纹石

无胶静电玻璃贴膜

旧米黄大理石

金丝米黄大理石

玻化砖

黑胡桃木饰面板

人工照明要讲究“光健康”

“光健康”包含两个方面，一是满足场所的功能性和美观性要求，即灯光亮不亮、美不美的问题；二是满足人们的心理要求，如色温、亮度对人的情绪的影响，以及光与影的和谐与否等。不合理的照明工具和不恰当的照明方式对健康都会产生很大影响。研究表明，明亮的光线可以改变大脑的内部“时钟”，控制睡眠；长时间在灯光下工作，会降低人体对钙的吸收；而光源质量的好坏对照明的影响很大，劣质光源不仅会扭曲视觉效果，眼睛很容易疲劳，严重的还会损害视觉功能。

橙皮红大理石

布艺软包

石膏角线

无纺布壁纸

米黄大理石

中花白大理石

雕花灰镜

金碧辉煌大理石

皮革软包

金丝米黄大理石

面对装修污染有何良策？

房屋装修完最大的危害是有毒气体。一般有毒气体活动的周期很长，第一年尤为严重，这期间有毒气体挥发快，释放量高。为保险起见，一般的原则是新居装修好后三个月到半年再入住，并可采取一些对策：在新居（包括家具）里摆放些茶叶、柠檬，或吊兰、虎皮兰、常春藤、仙人掌等植物去除异味；选用竹炭及活性炭吸附有毒气体；另外，室内摆放清水，经常更换，也有一定效果；重要的一点是保持居室通风。最后再请专业的环保部门为家居做一次严格的检测，确认万无一失后方入住。

镜面马赛克

仿古砖

金丝米黄大理石

马赛克瓷砖

无纺布壁纸

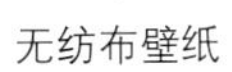

仿大理石瓷砖

深啡网大理石镶嵌

车边茶镜

石膏浮雕

金属线条

装修必知的安全问题

1. 需注意楼房地面不要全部铺装大理石，否则就有可能使楼板不堪重负。

2. 不得随意在承重墙上穿洞、拆除连接阳台和门窗的墙体以及扩大原有门窗尺寸或者另建门窗，这种做法会造成楼房局部裂缝并严重影响抗震能力。

3. 选择电线时要选用塑铜线，忌用铝线。另外不能直接在墙壁上挖槽埋电线，应采用正规的套管安装，以避免漏电和引发火灾。

4. 要保证煤气管道和设备的安全要求，不要擅自拆改管线，以免影响系统的正常运行。

水曲柳擦色处理

大理石浮雕

新亚米黄大理石

釉面砖

玻化砖

实木板造型

雅士白大理石

瓷片凹凸造型

杭灰大理石

无纺布壁纸

浅啡网大理石

金丝米黄大理石

米黄大理石

雅士白大理石

米黄洞石